毎日かんさつ！ぐんぐんそだつ

はじめてのやさいづくり

②ナスをそだてよう

監修：塚越 覚
（千葉大学環境健康フィールド科学センター准教授）

うえてから2〜3週間くらい

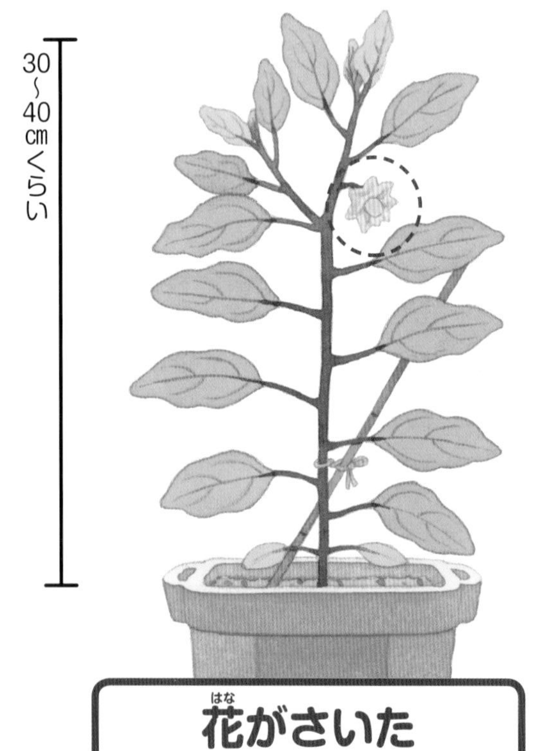

花がさいた

16ページを見よう

40〜50㎝くらい

わきめを見つけたら、さいしょの花のすぐ下だけのこして、あとはぜんぶ手でつみとろう

わきめのとり方

18ページを見よう

ナスがそだつまで

どんなふうにそだつのかな？　どんなせわをするといいのかな？

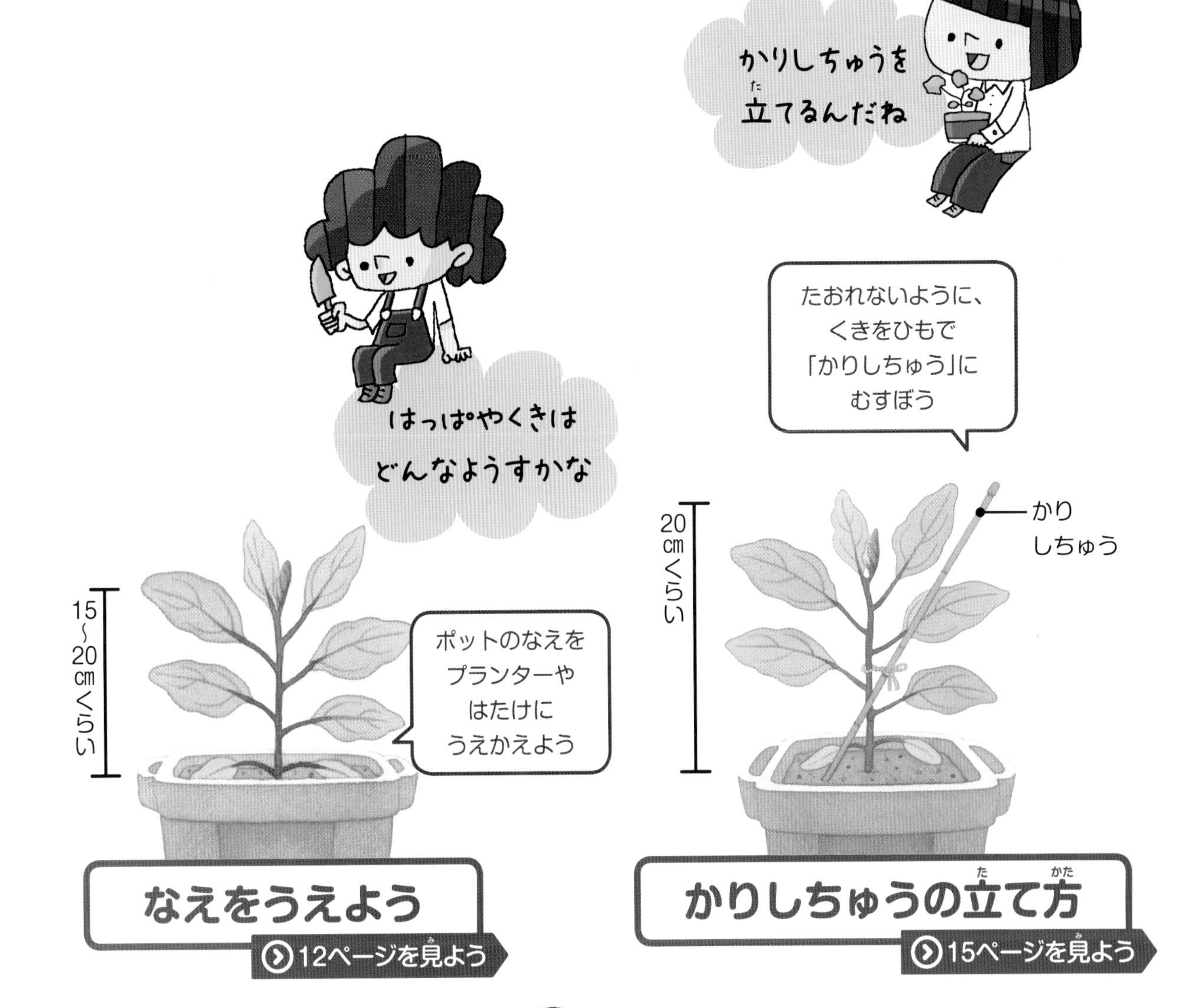

ナスをそだてるには、どんなじゅんびがいるのかな？

ナスのなえ

たねからそだてて、少しそだったもの

プランター

植物をうえる入れもののこと。アサガオをうえたプランターをつかってもいいね。

ナスのなえは、
4～5月ころに出まわるぞ。
うえつけによいのは、
つぼみがついたころじゃ

スコップ

土をすくうのにつかう。

ばいよう土

よくそだつように、ひりょうなどが入っている土。やさい用をつかおう。

じょうろ

水やりにつかう。ペットボトルのふたに、小さなあなをあけたものでもいいよ。

しちゅう

せが高くのびるやさいをそだてるときにつかう。ナスでは60 ～ 90cmくらいのものがいい。みじかくて細いしちゅうは、「かりしちゅう」につかう。

ひも

ナスのくきを、しちゅうにむすびつけるのにつかう。

ひりょう

土にまくやさいのえいよう。やさいに必要な成分が入っている。

かんさつのじゅんびもわすれずに

●かんさつカード

さいしょはメモ用紙にかいてもいいね。

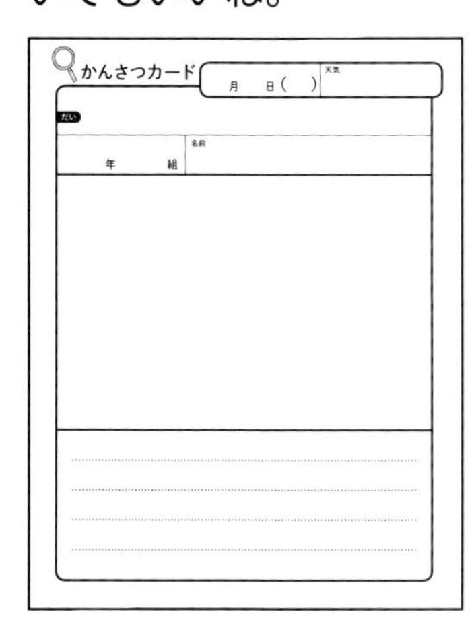
かんさつカード　月　日（　）　天気
年　組　名前

@この本のさいごにあるので、コピーしてつかおう。

●ひっきようぐ

絵をかくための色えんぴつも用意しよう。

●じょうぎやメジャー

長さや大きさをはかるのにつかう。虫めがねもあるといいね。

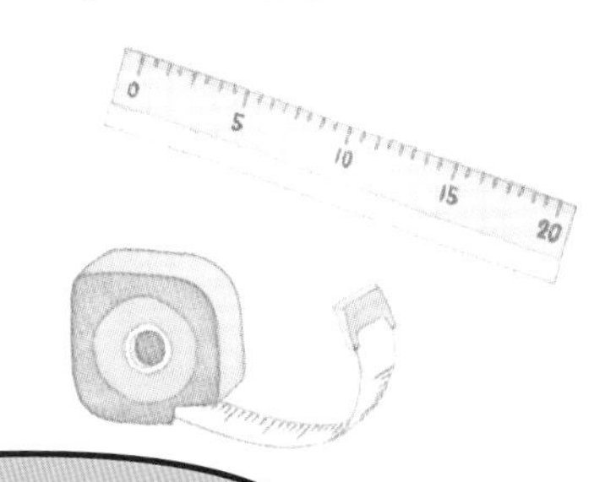

外から帰ったら手あらい、うがいをわすれずに！

うえてから
6～7週間
くらい

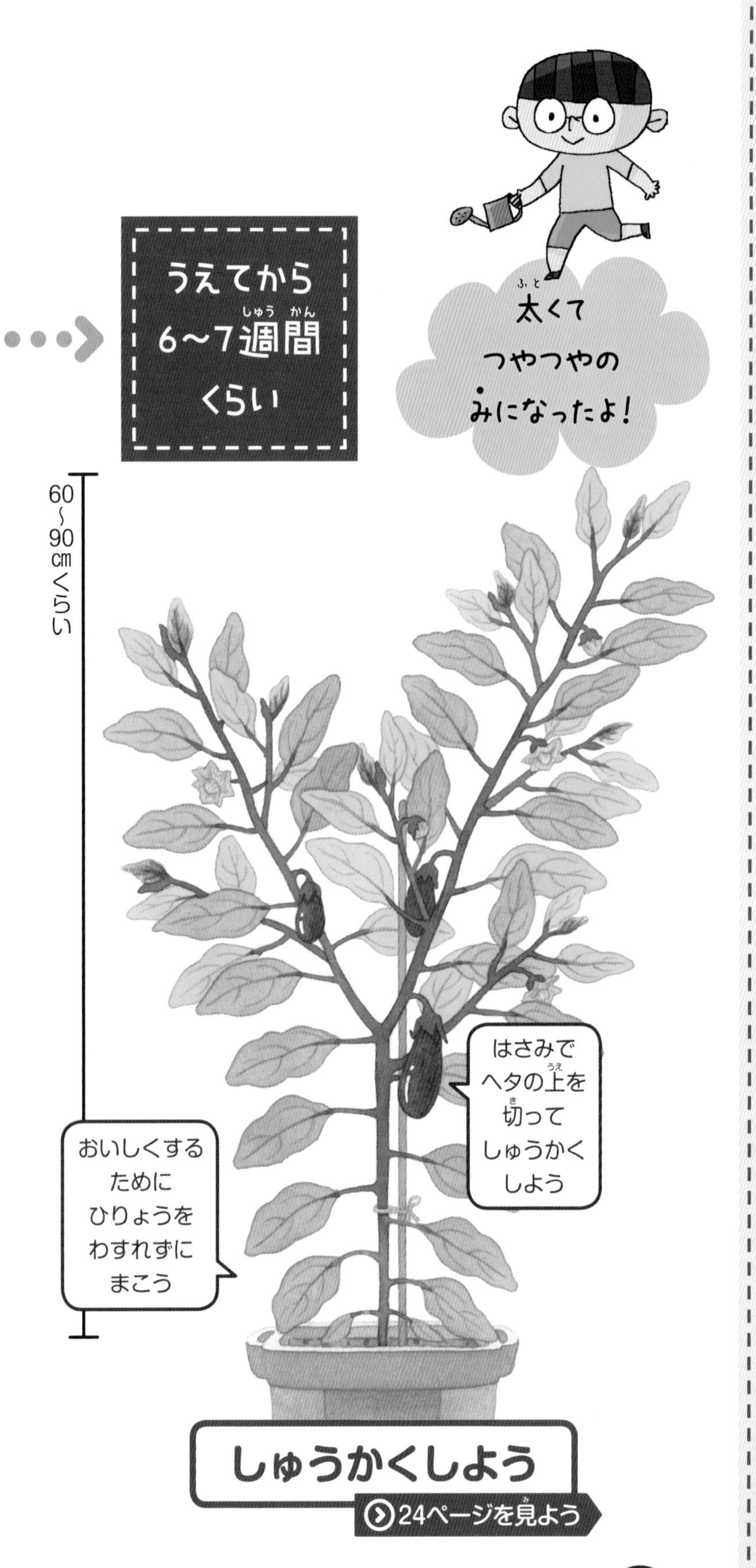

しゅうかくしよう

24ページを見よう

おぼえておこう！

植物の部分の名前

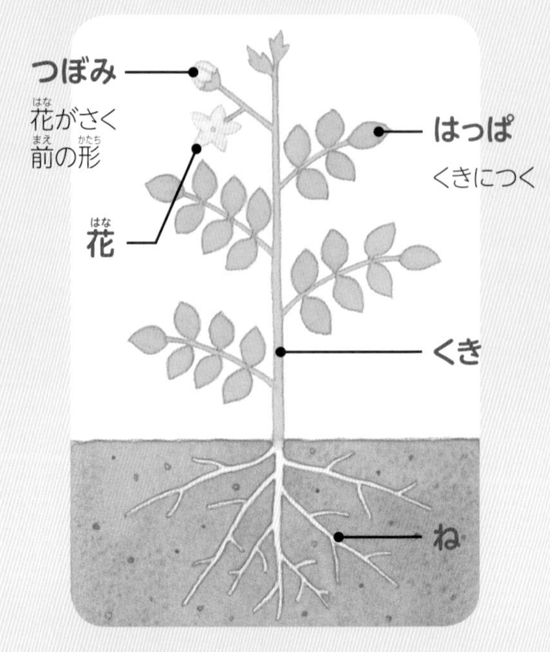

花の部分の名前

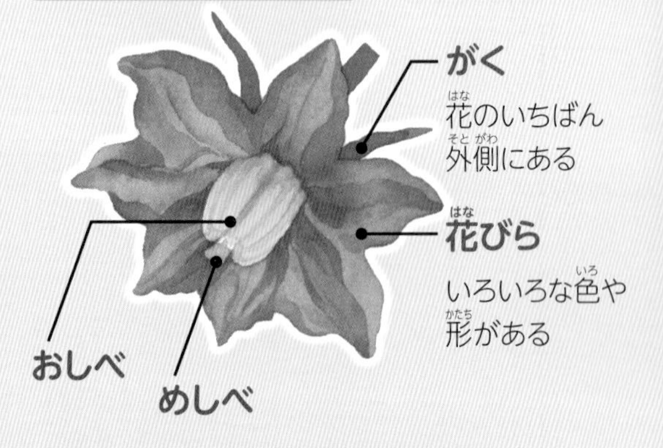

くらべてみよう！

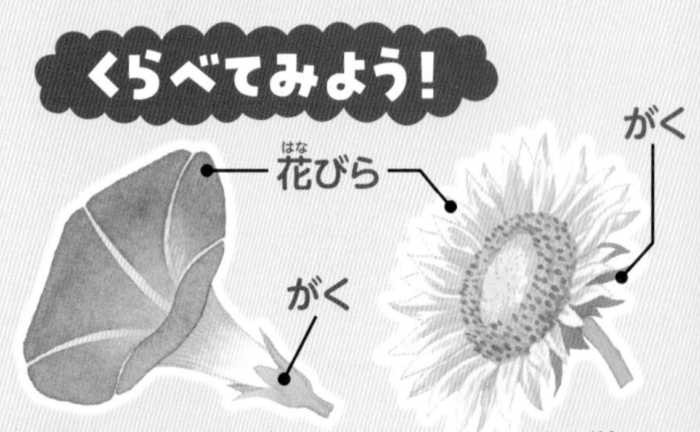

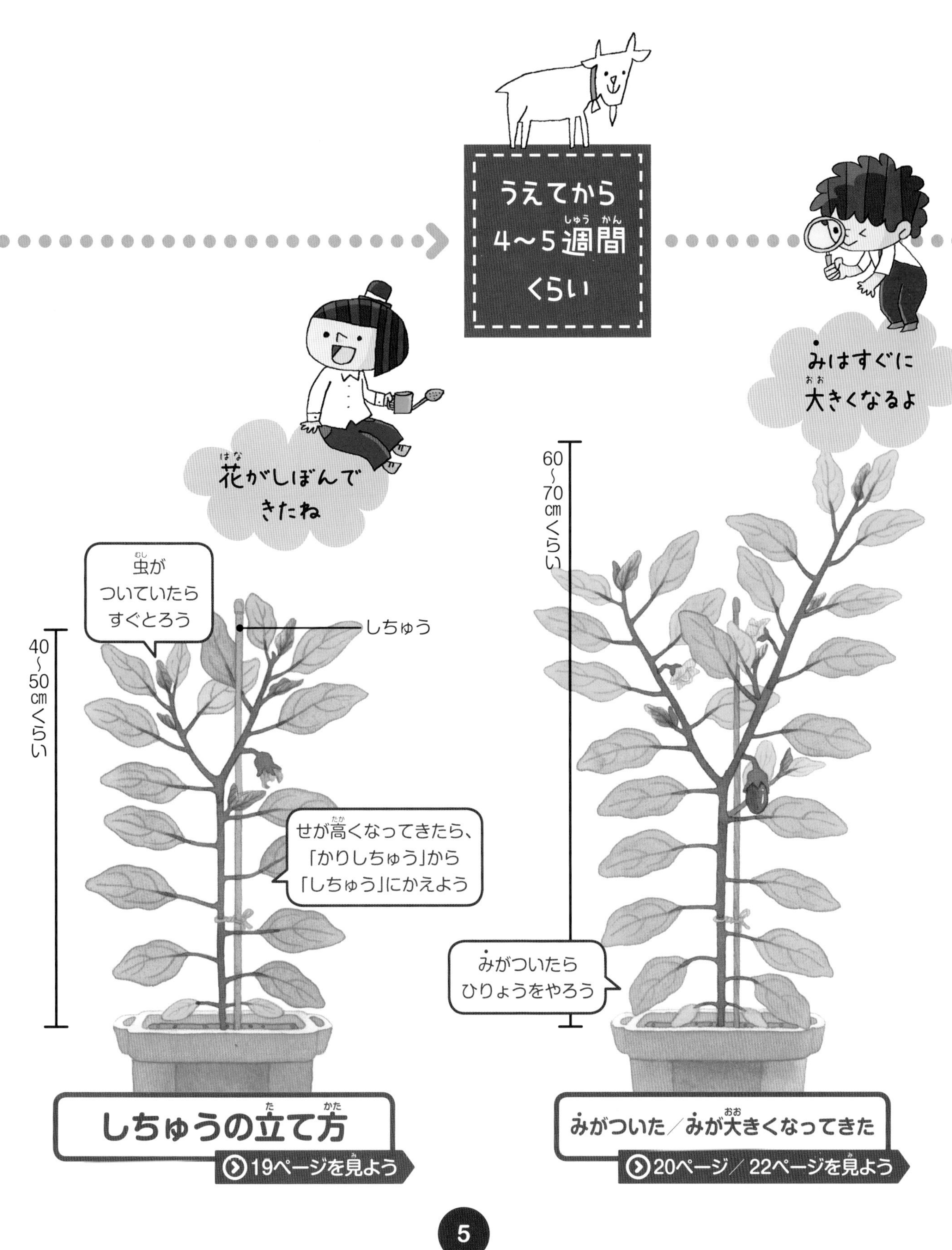
うえてから
4～5週間
くらい
花がしぼんで
きたね
みはすぐに
大きくなるよ
虫が
ついていたら
すぐとろう
しちゅう
40～50㎝くらい
せが高くなってきたら、
「かりしちゅう」から
「しちゅう」にかえよう
60～70㎝くらい
みがついたら
ひりょうをやろう
しちゅうの立て方
19ページを見よう
みがついた／みが大きくなってきた
20ページ／22ページを見よう

この本のつかい方

この本では、ナスのそだて方と、かんさつの方法をしょうかいしています。

●**ナスがそだつまで**：そだて方のながれやポイントがひと目でわかるよ。

この本のさいしょ（3ページから6ページ）にある、よこに長いページだよ。

●**ナスをそだてよう**：そだて方やかんさつのポイントをくわしく説明しているよ。

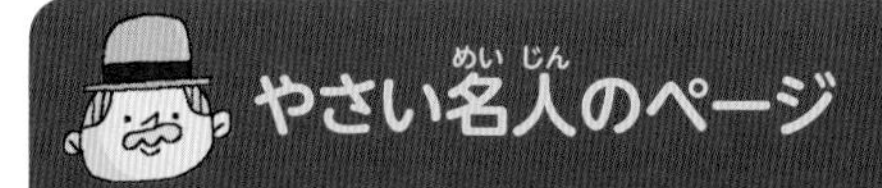

かんさつ名人のページ

やさいをそだてるときに、どこを見ればいいか教えてくれるよ。

やさい名人のページ

やさいをそだてるときのポイントや、しっぱいしないコツを教えてくれるよ。

うえてからの日数
だいたいの目やす。天気や気温などで、かわることもあるよ。

かんさつカードを
かくときの参考にしよう。

かんさつポイント
かんさつするときに参考にしよう。

ナスのしゃしん
なえやくき、はっぱ、花、みのようすを、大きな写真でかくにんしよう。

そだて方の説明

もくじ

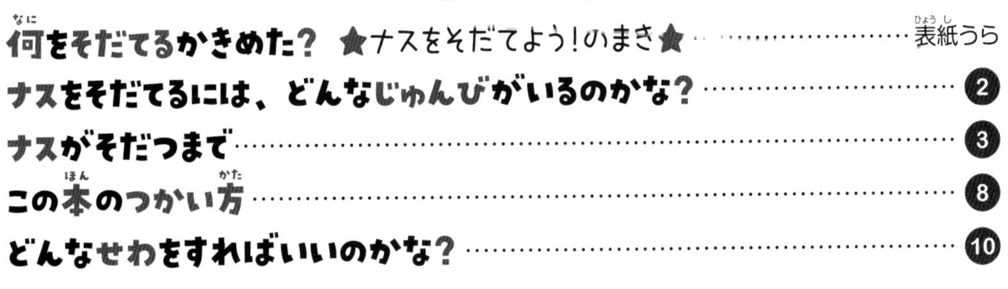

どんなせわをすればいいのかな？

ナスをそだてるときにすることを頭に入れておこう。

毎日ようすを見る

- 土がかわいていて、はっぱがぐったりしていたら、水をやる
- 虫やざっ草、かれたはっぱを見つけたら、とりのぞく

虫はいない？

土はかわいていない？

ぐったりしていない？

ざっ草ははえていない？

雨の日は、水やりはしなくていいぞ。台風のときは、風をよけられるところにいどうさせるんじゃ

水をやる

- 土を見て、ひょうめんがかわいていたらやる
- プランターのそこからながれ出るまで、たっぷりかける
- 夏は、朝か夕方のすずしいときにやる
- はっぱや花にかからないようにする

しちゅうを立てる

- たおれないように、ささえるぼうが「しちゅう」
- ひもで、くきをしちゅうにむすぶ
- のびてきたら、上でもむすぶ

19ページを見よう

わきめをとる

- はっぱのつけねから出る、新しいめが「わきめ」
- さいしょの花のすぐ下はのこして手でつみとる

18ページを見よう

ひりょうをまく

- 土にまく、やさいのえいようがひりょう
- みがついたら、2週間に1回ひりょうをまく
- たっぷり水をかける

21ページを見よう

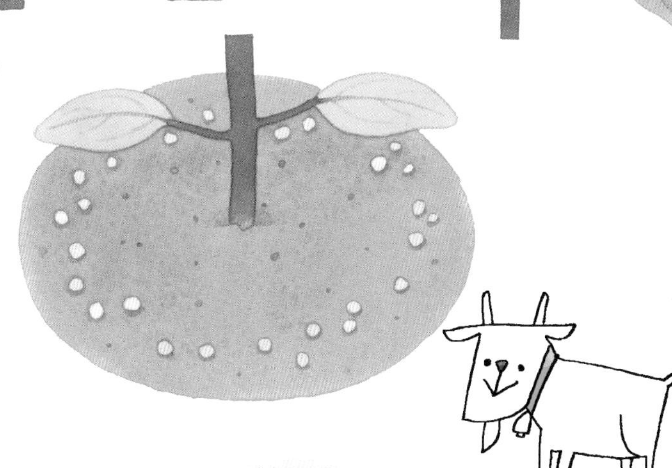

せわをするときに気をつけること

よごれてもいいふくをきよう

土や植物にさわるので、よごれてしまうことがあります。

おわったら手をあらおう

土がついていなくても、せわをしたら手をよくあらいましょう。

ナスをそだてよう 1日目

なえをうえよう

小さなポットに入ったなえを、プランターやはたけにうえかえます。くきやはっぱはどんなようすか、しっかりかんさつしましょう。

はっぱはどんな形をしているかな？

はっぱやくきは何色？

とげに気をつけて
はっぱをそっと
さわってみよう

かんさつカードをかこう

気がついたことや、気になったことを、
どんどんかきこもう。

かんさつのポイント

1 じっくり見る　大きさ、色、形などをよく見よう。はっぱはどんな色で何まいある？

2 体ぜんたいでかんじる　くきやはっぱは、つるつるしているかな、ざらざらかな？　さわったり、かおりをかいだりしてみよう。

3 くらべる　きのうとくらべてどこがちがう？　友だちのナスともくらべてみよう。

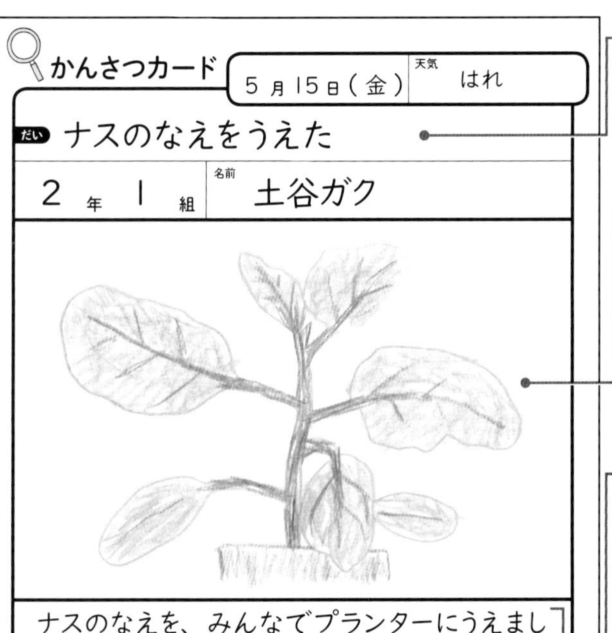

かんさつカード

5月15日（金）　天気　はれ

だい　ナスのなえをうえた

2年　1組　名前　土谷ガク

ナスのなえを、みんなでプランターにうえました。はっぱはこいみどり色で、むらさき色のせんがありました。くきもむらさき色で、ナスのみの色みたいでした。早くみがなるといいな、と思いました。

だい

見たことやしたことを、みじかくかこう。

絵

うえたなえをよく見て絵をかこう。はっぱはどんな形、色をしているか、「かんさつのポイント」を見ながらかこう。気になったところを大きくかいてもいいね。

かんさつ文

その日にしたことや、かんさつしたことをつぎの順番でかいてみよう。

- **はじめ** その日のようす、その日にしたこと
- **なか** かんさつして気づいたこと、わかったこと
- **おわり** 思ったこと、気もち

この本のさいごに「かんさつカード」があります。コピーしてつかおう。

なえのうえ方

ここでは、プランターにうえる方法をしょうかいします。

1 プランターに土を入れる

スコップをつかって、プランターのそこにばいよう土を入れます。

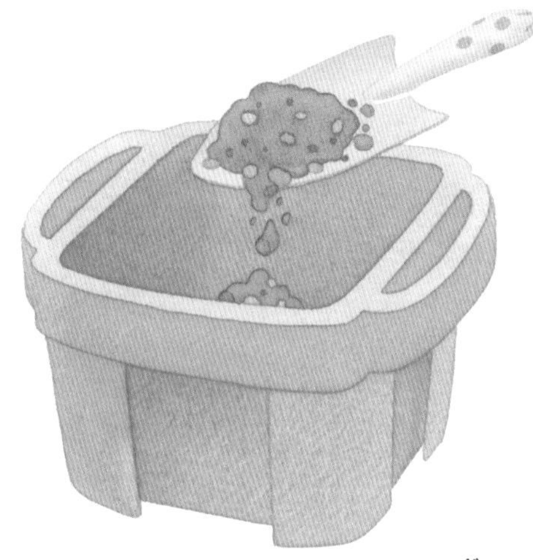

どれくらい土を入れるの?

なえをおいて、なえの土がプランターのふちから2cm下になるくらいにしよう。

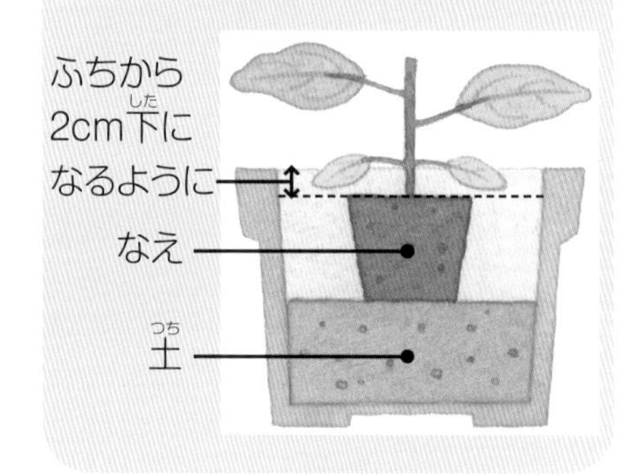

2 ポットからなえを出す

左手でポットを持ち、右手でなえをうけとります。なえがおれないように、そっととり出します。

まん中になえをおき、さらに土を入れる

プランターになえがまっすぐに立つようにおき、まわりにスコップで土を入れます。

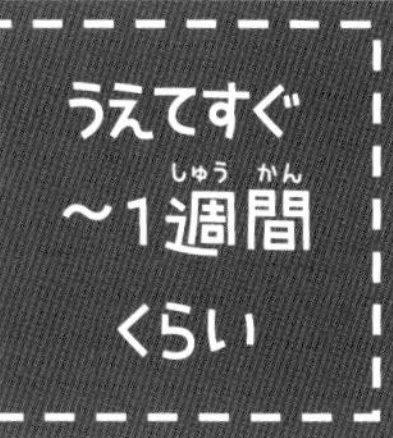

水をやる

じょうろに水を入れて、はっぱやくきにかからないように気をつけながら、土の上にかけます。プランターのそこから水がながれ出てくるまで、たっぷりとかけます。

うえてすぐ〜1週間くらい

かりしちゅうの立て方

なえにそわせて、ななめ45度くらいにかりしちゅうをさし、ひもでくきをかりしちゅうにむすびます。

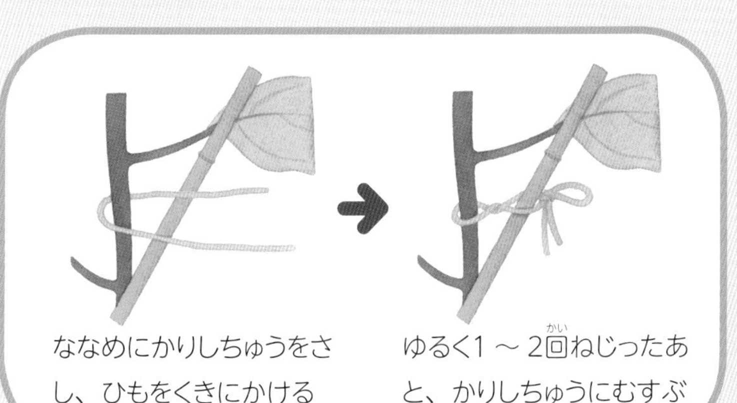

ななめにかりしちゅうをさし、ひもをくきにかける

ゆるく1 〜 2回ねじったあと、かりしちゅうにむすぶ

うえてから
2～3週間（しゅうかん）
くらい

花（はな）がさいた！

はっぱが7～8まいついたころに、えだが分（わ）かれ、つぼみがつきます。つぼみはどんなふうにひらいて、どんな花（はな）になるのかな？

花をかんさつしてみよう

つぼみができて3～5日くらいたつと花がさきます。
花のようすを順番に見てみましょう。

●この時期のナス

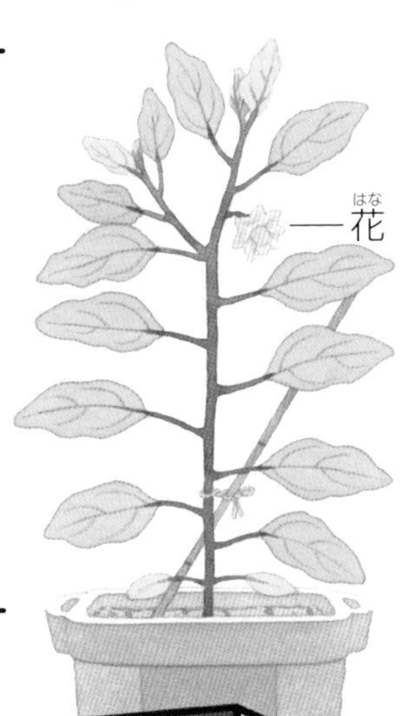

花のうつりかわり

①がくがひらいた

②花びらがひらいた

③花びらがぜんぶがひらいた

④かれてきた

めしべの
まわりに
5本のおしべ
があるね

かんさつカードをかこう

かんさつカード　5月28日（木）　天気 くもり

だい　むらさき色の花がさいた

2年 1組　名前 土谷ガク

むらさき色の大きな花がさきました。花のまんなかには、黄色くて細長いものが6本あって、まんなかの1本だけが、長かったです。花は少し下をむいていました。花がおもいから下をむいているのかな。

わきめのとり方

はっぱのつけねから出てくる、新しいはっぱが「わきめ」です。そのままのばすとえいようがとられるので、手でつみとります。

1 花のすぐ下のわきめをのこしてつみとる

一番さいしょにさいた花をめじるしに、そのすぐ下にあるわきめだけはのこして、それ以外のわきめをとります。

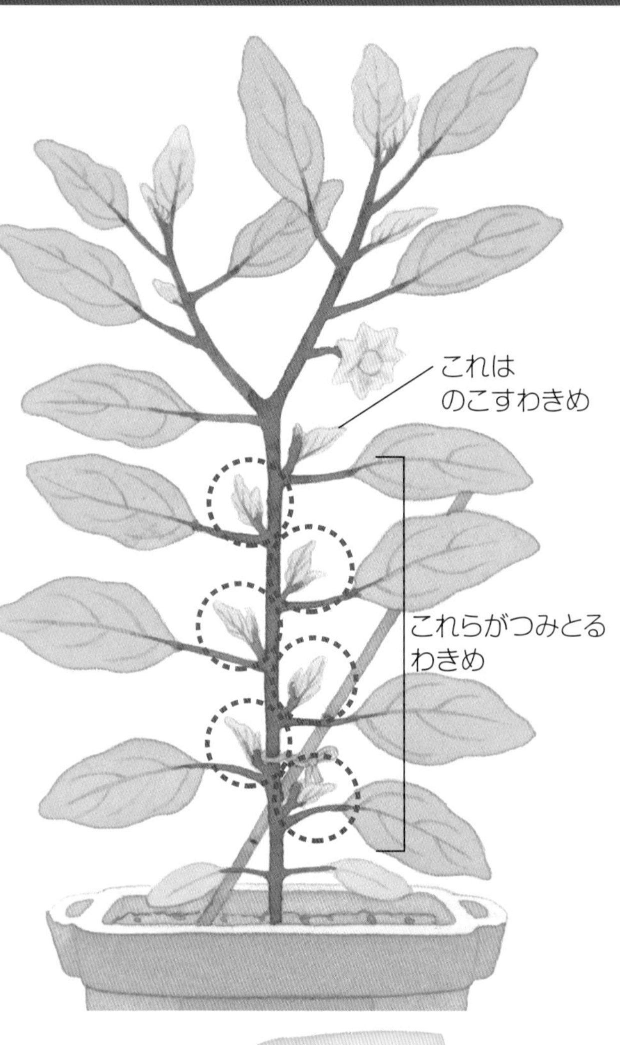

わきめは手でつみとる

わきめは、つぎつぎに出てくるので、見つけたら手でちぎるようにして、つみとります。

しちゅうの立て方

くきがのびて2つに分かれるころ、風などでたおれないように ぼうを立ててささえます。このぼうを「しちゅう」といいます。

土にしちゅうをさして ひもでむすぶ

なえから5～10cmはなして、しちゅうをまっすぐにさします。30cmくらいのひもで、くきをしちゅうにむすびます。

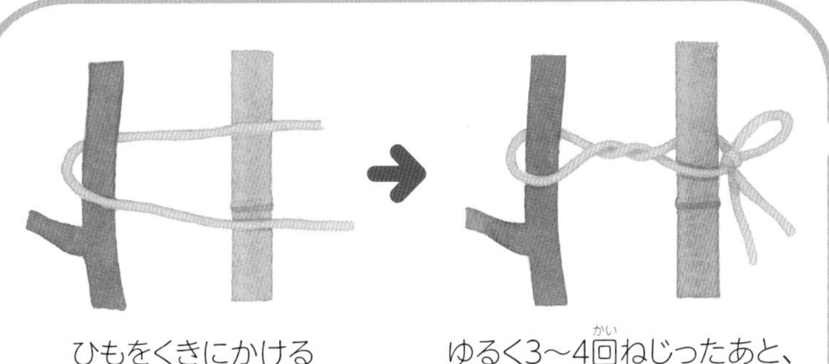

ひもをくきにかける

ゆるく3～4回ねじったあと、しちゅうにむすぶ

しちゅうを2本にしてもOK

2本のしちゅうをつかったほうが、くきがたおれにくくなります。大きめのプランターをつかっていたら、左右ななめ60度くらいにさし、交差したところをひもでむすびます。

うえてから
4～5週間
くらい

みがついた！

花がかれると、小さなみができます。このころ、みが大きく、おいしくなるようにひりょうをやります。

ひりょうのやり方

ひりょうは、やさいのごはんです。かならずやりましょう。

1 土の上にまく

ひりょうを、くきからはなしてまき、土とかるくまぜます。

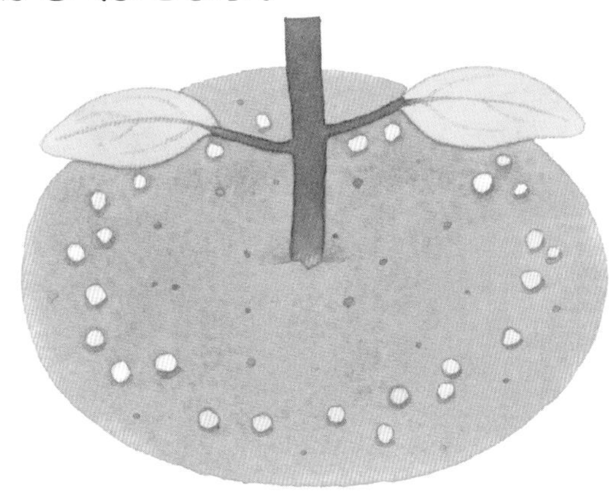

2 水をやる

たっぷりと水をやります。水をかけると、ひりょうのせいぶんがとけて土にしみこみます。

どのくらいひりょうをやるの？

ひりょうには、やさいがそだつのに必要な、えいようがつまっています。みが大きくなるときは、えいようをたくさんつかうので、2週間に1回、ひりょうをやります。

うえてから
4~5週間
くらい

みが大きくなってきた！

2日くらいたつと、がくから少しだけ見えていたみがぐんぐん大きくなって、むらさき色の部分がのびていきます。

みは何cm
になったかな？

がくの形は
かわったかな？

ヘタ

がく

み

むらさき色の
部分が
のびたね！

みの先に
ついているものは、
どうなった？

みをかんさつしてみよう

花がかれると、みが大きくなっていきます。
どんなふうにかわるか見てみましょう。

●この時期のナス

60〜70cmくらい

み

かんさつカードをかこう

かんさつカード　6月15日（月）　天気 くもり

だい　みが大きくなってきた

2年 1組　名前 土谷ガク

みがだんだん大きくなってきました。はかって
みたら5センチメートルくらいでした。がくをさ
わってみたら、ごつごつしてかたかったです。
みの先についているかれたはなびらは、いつ
とれるのかな。

みが大きくなるようす

かれた花のねもとのほうに、
みが見えてきた

みの先に
ついているのは
花だったんだね

花が小さくなり、むらさき色の
みがのびてくる

みがもっとのびて太くなる

うえてから
6~7週間
くらい

しゅうかくしよう

みが太く大きくなったら、つやつやしているうちにしゅうかくします。大きくなりすぎると、みに元気がなくなってしまいます。

しゅうかくの仕方

ナスのみはすぐに大きくなります。毎日かんさつして
しゅうかくのタイミングをはかろう。

はさみでヘタの上を切る

しゅうかくするときは、みの部分をもってはさみをつかってヘタの上を切りとります。ナスが病気にならないように、きれいなはさみを使います。

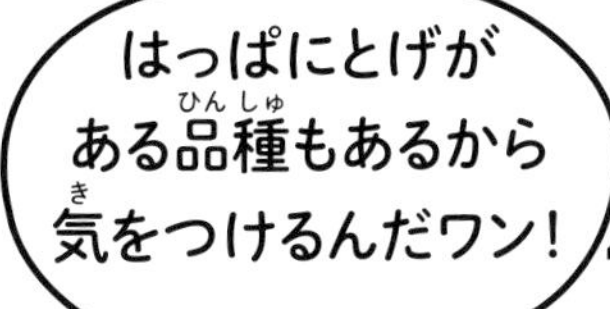

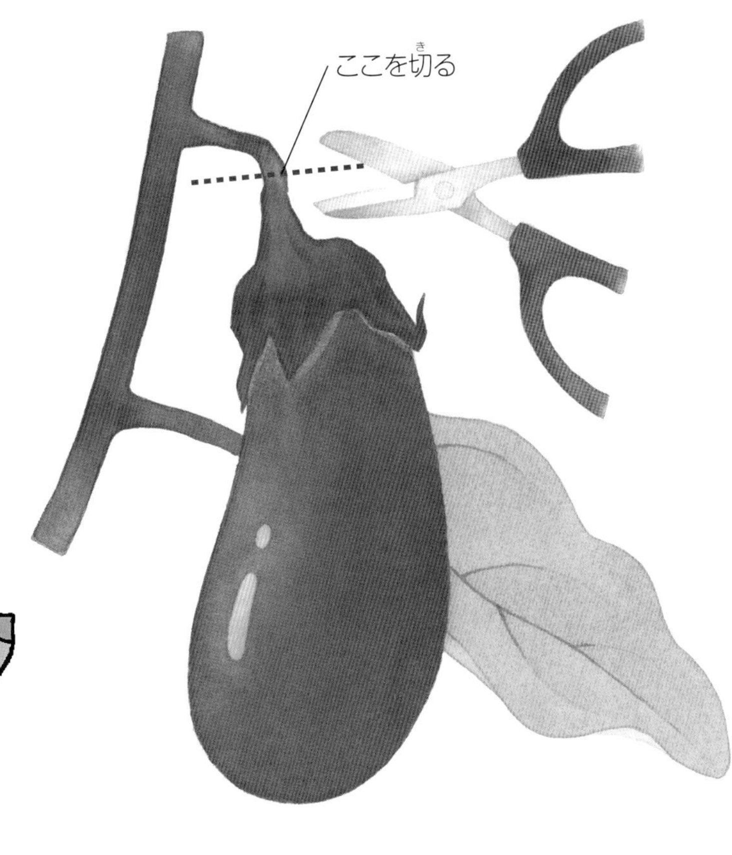

1つ目のみは、早めにとる

1つ目のみは、長さが5㎝くらいになったら切りとりましょう。そのほうが、あとにみがたくさんできるようになります。1つ目のみは小さいですが、もちろん食べられます。

すぐできる！
やさいパーティのレシピ

しゅうかくしたナスで、かんたんおやつにちょうせん！

ナスとブドウのゼリー

できあがり 20分くらい

*ひやす時間はのぞく

ナスとブドウジュースのむらさき色コンビでつくる、ひんやりデザートです。

ようい するもの

材料（2人分）

- □ナス　小2分の1本（40グラム）
- □ブドウジュース　150ミリリットル
- □水　100ミリリットル
- □さとう　大さじ1
- □こなかんてん　小さじ2分の1
- □レモンじる　小さじ2分の1

すきな
うつわに入れて
みよう

道具

- □計りょうカップ
- □計りょうスプーン（大さじ、小さじ）
- □まないた
- □ほうちょう
- □かわむき器
- □ボウル
- □ざる
- □小なべ
- □スプーン
- □おたま
- □うつわ（コップでもよい）

つくり方

1 ナスのかわをむく

かわむき器をつかって、ナスのかわをむく。

2 ナスを切る

ボウルに水を入れておく。1のナスを5㎜角のさいの目切りにする。

切ったナスを水につけたらざるに上げて、水気を切る。

3 ナスをにる

小なべに、2のナスと、水、さとうを入れてまぜ、中火にかけてふたをする。ふっとうしたら弱火にして、ナスがすきとおってやわらかくなるまで、5分くらいにる。

4 かんてんをとかして、ジュースをまぜる

火を止めて、3にこなかんてんをまぜたら、ふたたび火にかける。かんてんがとけたら、火を止めて、ブドウジュースとレモンじるを入れてスプーンでまぜる。

5 うつわに入れてひやす

おたまで4をすくい、うつわに入れて、れいぞうこでひやす。

半日～ 1日くらいおいておくと食べごろになる。

ナスのあつかい方

下ごしらえ 水であらってから、ほうちょうでヘタを切りおとす。

切り方 切ったあと空気にふれると、切り口が茶色くなってしまうので、すぐに水につける。

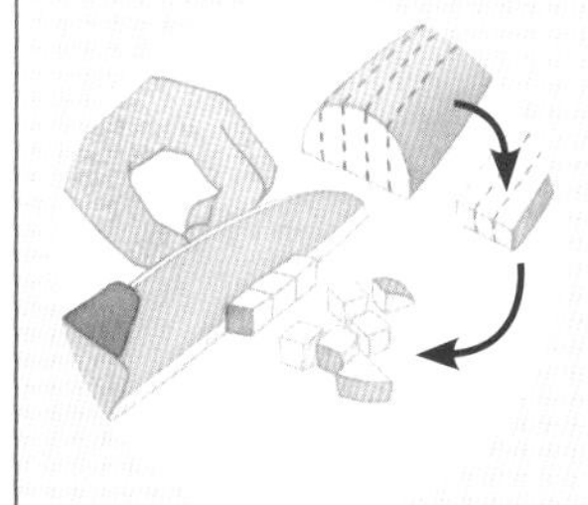

さいの目切り

たて半分に切り、5㎜のあつさに切る。それをたて3 ～ 4つに切ったら、さらに細かく切る。

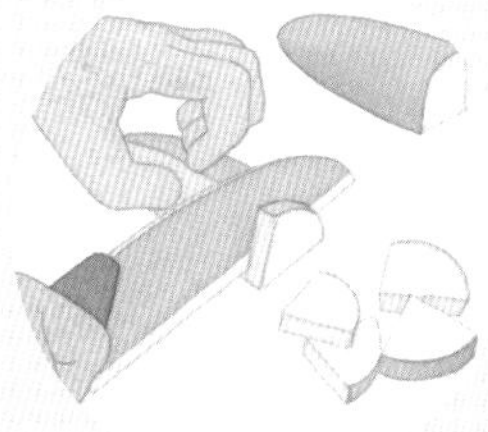

いちょう切り

たて半分に切り、さらにたて半分に切ったら、切り口がいちょうのはっぱの形になるよう、5㎜はばに切る。

ほぞん ナスは1本ずつラップでつつんでからビニールぶくろに入れ、れいぞうこでほぞんする。

※ほうちょうや火は、大人がいるときにつかおう

ナスみそのおやき

できあがり 30分くらい

もっちりとした生地の中にみそあじのナスが入った、おやつにぴったりのおやきです。

よういするもの

材料(2人分)

- □ナス　小2分の1本(40グラム)
- □みそ　大さじ2分の1
- □みりん　大さじ2分の1
- □ごまあぶら　小さじ1

かわの材料

- □ホットケーキミックス　大さじ6
- □水　小さじ4
- □手につけるこな　大さじ1くらい
  ＊小むぎ粉、かたくり粉など

道具

- □計りょうスプーン(大さじ、小さじ)
- □ボウル
- □まないた
- □ほうちょう
- □ざる
- □フライパン
- □木べら
- □バット(おさらやまないたでも)
- □スプーン
- □計りょうカップ
- □クッキングペーパー

◎いためるときは、ガスコンロを使う

つくり方

1 ナスを切る

ボウルに水を入れておく。ナスを5㎜はばのいちょう切りにする。切ったナスを水につけたらざるに上げ、水気を切る。

2 ナスをいためる

フライパンにごまあぶらを入れ、中火にかける。ナスを入れて木べらでまぜながらいためる。

火を止めて、みそとみりんをくわえる。ふたたび火をつけて、かるくいためる。

3 かわをつくる

ボウルにホットケーキミックスと水を入れてまぜる。こなっぽさがなくなったら2等分して、てのひらの大きさくらいにうすく広げる。

4 具をつつむ

2でつくったナスの具を、スプーンで3のかわにのせる。

ゆびで生地をつまみ、はじとはじをくっつけるようにしてつつむ。

5 むしやきにする

フライパンに水50ミリリットルを入れる。クッキングペーパーをしいて、4をのせる。

フライパンにふたをして弱火で10分むしやきにする。そこがうす茶色になったら、うらがえす。同じようにうす茶色になるまで、20びょうくらいやく。

※ほうちょうや火は、大人がいるときにつかおう

いろいろな全国のナス

小さくて丸いもの、長いもの、白いものなど、ナスにはいろいろな品種があります。

九州地方

大長ナス

長いものは40cm以上にもなる、とっても長いナスです。

熊本県

赤ナス（ひごむらさき）

熊本県で昔からつくられている太くて長いナスです。

高知県

中長ナス（高知ナス）

冬から春には日本一多くでまわる、高知県のナスです。

高知県

米ナス

米ナスも高知県が日本一の生産量。もともとはアメリカの品種で、ヘタがみどり色なのがとくちょうです。

京都府

丸ナス（賀茂ナス）

京都で昔からつくられてきた、丸いナスです。ずっしりとした重みがあります。

山形県

小丸ナス（民田ナス）

山形県でつくられるナスです。からしづけにして食べるのが有名です。

山形県

白ナス

かわが白く、ねつをくわえると、やわらかくトロトロになります。

埼玉県

青ナス（埼玉青大丸ナス）

かわがみどり色で、きんちゃくのような形がとくちょうの丸ナスです。

大阪府

水ナス（泉州ナス）

水分がとても多く、ギュッとしぼると水がしたたります。

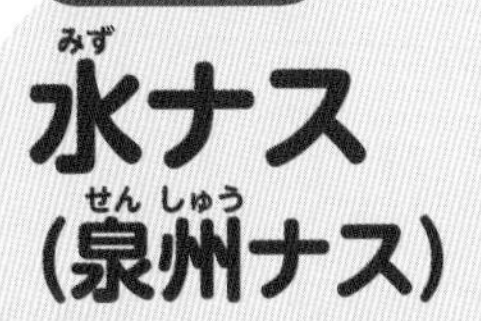

ちょうせんしよう!

ナスクイズ

クイズでうでだめしをしてみましょう。
こたえはこの本の中にあるよ。

もんだい 1 ナスのなえはどっちかな?

ナスのくきはむらさき色だよ。

こたえ → 12ページを見よう

もんだい 2 「がく」はどっちかな?

がくは、ナスのヘタの部分だよ。

こたえ

→ 20ページを見よう

もんだい
3

のこしたほうがいいわきめはどっちかな?

A いちばん上のわきめ

B いちばん下のわきめ

花のすぐ下のわきめをのこすよ。

→ 18ページを見よう

元気でみがつきそうなのはどっちの花かな?

元気な花は外から
めしべが見えるよ。

こたえ → 39ページを見よう

ナスはどこで生まれたの？ どんな種類があるの？
みんなのぎもんをやさい名人に聞いてみよう。

ナスはどこで生まれたの？

インドで生まれたよ

ナスはインドで生まれたと考えられています。日本には中国や朝鮮半島などからつたわり、今から1400年くらい前の奈良時代には、さいばいされていたといわれています。当時から、にものやつけものなどにして食べられる、人気のやさいでした。

江戸時代のようす

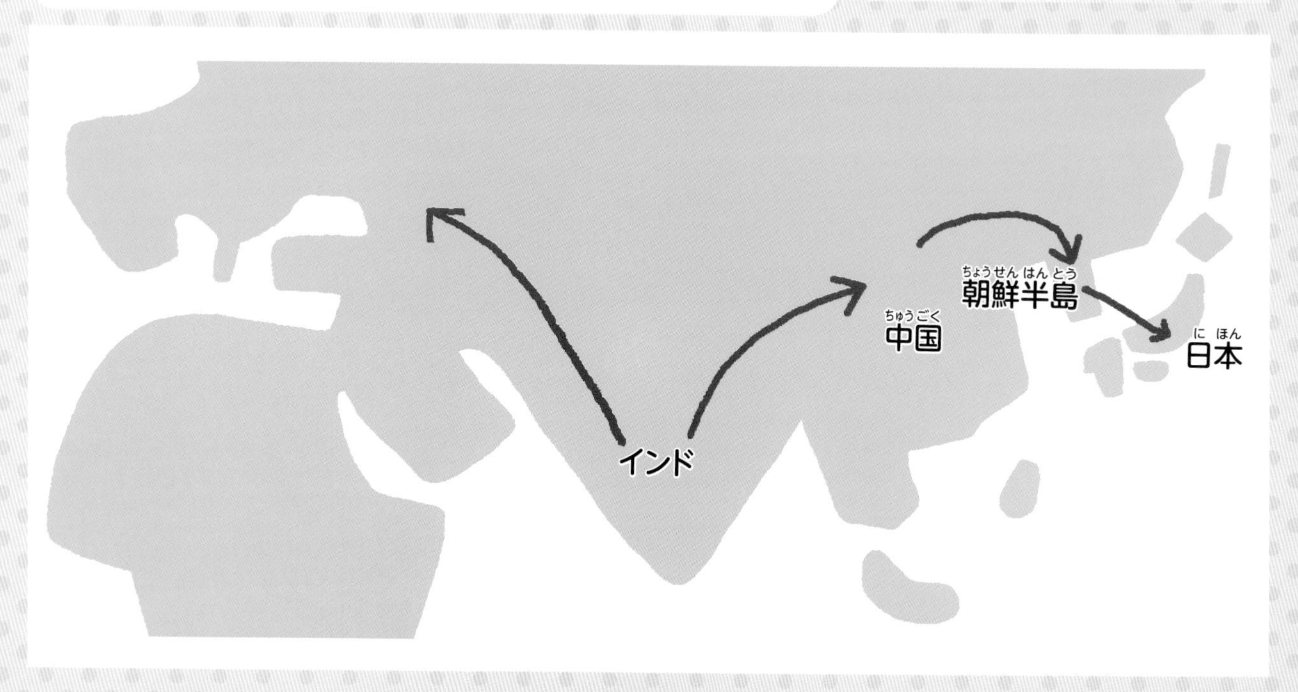

ナスはどうしてむらさき色なの？

日に当たるとむらさき色になる成分があるからだよ

ナスのかわには、日に当たるとむらさき色になる成分がふくまれています。ヘタの下の部分だけが白いのは、日が当たらないからなのです。日本のナスはほとんどがむらさき色ですが、みどり色のナスや白いナスもあります。この本の30ページでは、いろいろなナスをしょうかいしています。

とげがあるって本当？

本当だよ

ナスの品種によっては、ヘタやはっぱに、するどいとげがあります。とげは、みをまもるためについていて、しゅうかくしたばかりのナスはさわるといたいです。

はつゆめにナスが出てくるとどうしてえんぎがいいの？

「いちふじにたかさんなすび」を知ってるかな？

漢字で書くと「一富士二鷹三茄子」。なすびは、ナスのことです。江戸時代の徳川家康という人が、今の静岡県の名物「ベスト3」をこんなふうにいっていたことから、えんぎがいいものとされたといわれています。

9月にもう1回しゅうかくしよう

秋ナスにチャレンジ!

ナスを
わかがえらせることが
できるんだ

7～8月のしゅうかくじきを終えたかぶでも、古いえだとねを切ってひりょうをあたえれば、9～10月にもう1回おいしいナスを楽しむことができます。色つやがある元気なえだをのこし、リフレッシュさせましょう。

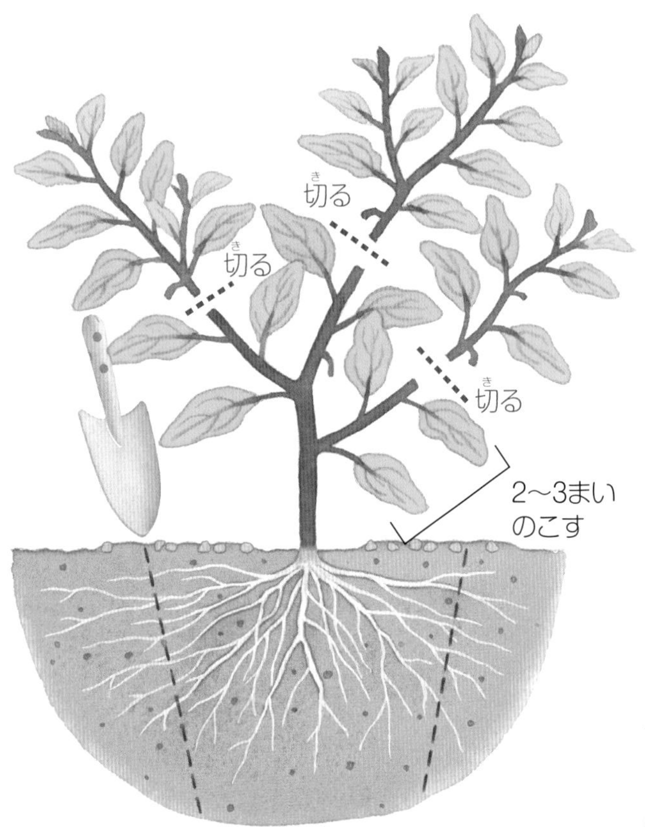

1本のえだにはっぱが2～3まいになるようにはさみでえだを切りおとします。さらに、かぶの両がわの土にスコップをさしてねを切り、もう一度ひりょうをまくと、新しいはっぱがつき、また元気なみがつきます。

こんなとき、どうするの?

そだてているナスのようすがおかしいと思ったら、ここを見てね。すぐに手当てをしましょう。

こまった! 1 はっぱが黄色くなってきた!

ひりょうが足りません。

ナスはえいようが足りなくなるとはっぱの色がうすくなり、黄色くなってきます。ひりょうをふやすか、ききめが早い液体ひりょうをあたえてみましょう。それでもなおらない場合は、なえをうえたときに、ねをいためてしまったのかも。元気になるまで時間がかかるかもしれません。

こまった! 2 下のほうのはっぱが黄色くなってきた

下からなら心配いりません。

はっぱは下のほうからかれていくものなので、それはふつうのこと。かれたはっぱや黄色くなったはっぱを見つけたら、つけねから切ってしまいましょう。そうすることで、風通しや日当たりがよくなって、病気になりにくくなります。

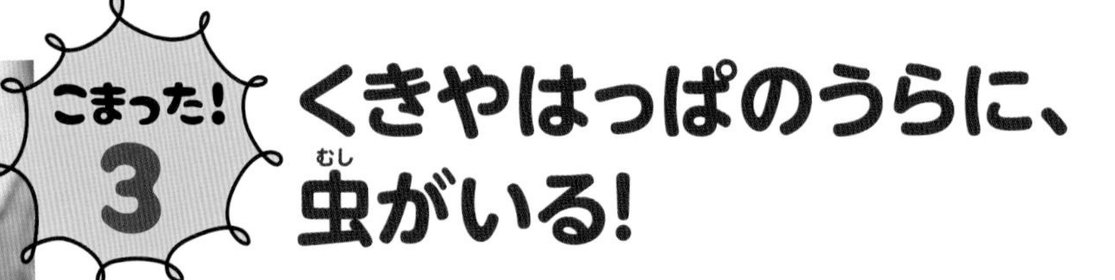

こまった! 3 くきやはっぱのうらに、虫がいる!

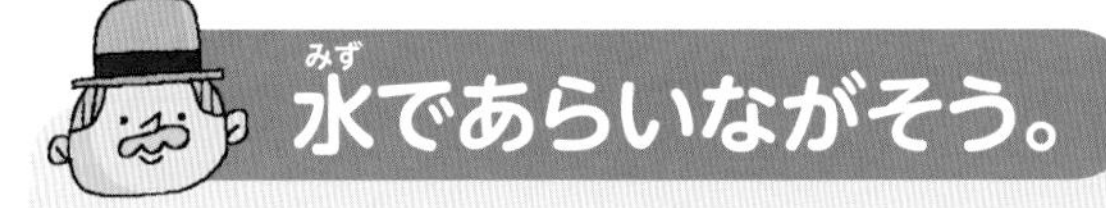

水であらいながそう。

ナスはアブラムシやハダニなどがつきやすいやさいです。そのような虫は、はっぱやくきのしるをすって、からしてしまいます。水をやるときに、じょうろやホースのシャワーではっぱのうらまであらいながしましょう。やわらかい筆で、はらいおとしてもいいです。

こまった! 4 花の色が白っぽいみたい…

ひりょうが足りません。

元気なナスの花は、あざやかなむらさき色をしています。色がうすいのは、えいようが足りないからです。ナスはひりょうが大すきなので、ひりょうと水をわすれずにやることが大切です。

こまった! 5 はっぱに白っぽいこなのようなものがついている!

「うどんこびょう」です。

うどんこ（白いこな）がついたような病気。病気になったはっぱはすぐに切りおとし、ほかのはっぱにうつらないようにしましょう。切りおとしたはっぱは、ごみばこにすてます。

こまった! 6 一部だけがかれてきた!

病気かもしれません。

水やひりょうもたっぷりやっているのに、かぶの一部だけがかれてきたら、病気かもしれません。この病気にかかるとなおることはないので、ざんねんですが、すぐにぬいてすてましょう。

こまった! 7 みの表面に、ひびが入ったようなきずがある

がい虫のしわざです。

みにひびが入ったようなきずができたり、茶色っぽいはん点ができたりした場合は、アザミウマという虫が原因かも。人間の目には見えないとても小さな虫なので、見つけてたいじすることはむずかしいですが、水をやるときに全体やはっぱのうらにまでかけるようにすると、あらいながせます。

こまった! 8 花がさいてもみがつかない!

ひりょうや水が足りません。

みがつかない、ようやく小さなみがなっても大きくならない、という場合は、まずは花の色をチェックしましょう。花の色がうすいときや、おしべのまん中にあるめしべがみじかくて見えなくなっているときは、ひりょうや水が足りないというサインです。

●監修
塚越 覚（つかごし・さとる）
千葉大学環境健康フィールド科学センター准教授

●栽培協力
加藤正明（かとう・まさあき）
東京都練馬区農業体験農園「百匁の里」園主

●料理
中村美穂（なかむら・みほ）
管理栄養士、フードコーディネーター

●デザイン 山口秀昭（Studio Flavor）
●キャラクターイラスト・まんが・挿絵 イクタケマコト
●植物・栽培イラスト 山村ヒデト
●栽培写真 渡辺七奈
●表紙・料理写真 宗田育子
●料理スタイリング 二野宮友紀子
●DTP 有限会社ゼスト
●編集 株式会社スリーシーズン
（奈田和子、土屋まり子、藤門杏子）

◆写真協力
ピクスタ、フォトライブラリー、タキイ種苗、
（公財）高知県観光コンベンション協会

毎日かんさつ！ ぐんぐんそだつ
はじめてのやさいづくり
2 ナスをそだてよう

発行 2020年4月 第1刷
2024年1月 第2刷

監 修 塚越 覚
発行者 千葉 均
編 集 柾屋洋子
発行所 株式会社ポプラ社
〒102-8519 東京都千代田区麹町4-2-6
ホームページ www.poplar.co.jp
印 刷 今井印刷株式会社
製 本 大村製本株式会社

ＩＳＢＮ978-4-591-16505-8
N.D.C.626 39p 27cm
Printed in Japan
P7216002

毎日かんさつ！ ぐんぐんそだつ

はじめての やさいづくり

全8巻

監修：塚越 覚（千葉大学環境健康フィールド科学センター准教授）

1 ミニトマトをそだてよう

2 ナスをそだてよう

3 キュウリをそだてよう

4 ピーマン・オクラをそだてよう

5 エダマメ・トウモロコシをそだてよう

6 ヘチマ・ゴーヤをそだてよう

7 ジャガイモ・サツマイモをそだてよう

8 冬やさい（ダイコン・カブ・コマツナ）をそだてよう

小学校低学年～高学年向き

N.D.C.626（5巻のみ616） 各39ページ A4変型判 オールカラー
図書館用特別堅牢製本図書

❶じっくり見る　大きさ、色、形などをよく見よう。

❷体ぜんたいでかんじる　さわったり、かおりをかいだりしてみよう。

❸くらべる　きのうのようすや、友だちのナスともくらべてみよう。

＠右ページの「かんさつカード」をコピーしてつかおう。

かんさつカード　5月15日(金)　天気　はれ

だい　ナスのなえをうえた

2年　1組　名前　土谷ガク

ナスのなえを、みんなでプランターにうえました。はっぱはこいみどり色で、むらさき色のせんがありました。くきもむらさき色で、ナスのみの色みたいでした。早くみがなるといいな、と思いました。

天気

マークでかいたり、気温をかいたりするのもいいね。

だい

見たことやしたことを、ひとことでかこう。

かんさつカード　5月28日(木)　天気　くもり

だい　むらさき色の花がさいた

2年　1組　名前　土谷ガク

むらさき色の大きな花がさきました。花のまんなかには、黄色くて細長いものが6本あって、まんなかの1本だけが、長かったです。花は少し下をむいていました。花がおもいから下をむいているのかな。

絵

はっぱ・花・みの形や色はどんなかな？よく見て絵をかこう。気になったところを大きくかいてもいいね。

かんさつカードで記録しておけば、どんなふうに大きくなったかよくわかるワン!

かんさつカード　6月15日(月)　天気　くもり

だい　みが大きくなってきた

2年　1組　名前　土谷ガク

みがだんだん大きくなってきました。はかってみたら5センチメートルくらいでした。がくをさわってみたら、ごつごつしてかたかったです。みの先についているかれたはなびらは、いつとれるのかな。

かんさつ文

その日にしたことや、気がついたことをつぎの順番でかいてみよう。

はじめ　その日のようす、その日にしたこと

なか　かんさつして気づいたこと、わかったこと

おわり　思ったこと、気もち